essentials

essentials liefern aktuelles Wissen in konzentrierter Form. Die Essenz dessen, worauf es als „State-of-the-Art" in der gegenwärtigen Fachdiskussion oder in der Praxis ankommt. *essentials* informieren schnell, unkompliziert und verständlich

- als Einführung in ein aktuelles Thema aus Ihrem Fachgebiet
- als Einstieg in ein für Sie noch unbekanntes Themenfeld
- als Einblick, um zum Thema mitreden zu können

Die Bücher in elektronischer und gedruckter Form bringen das Expertenwissen von Springer-Fachautoren kompakt zur Darstellung. Sie sind besonders für die Nutzung als eBook auf Tablet-PCs, eBook-Readern und Smartphones geeignet. *essentials:* Wissensbausteine aus den Wirtschafts-, Sozial- und Geisteswissenschaften, aus Technik und Naturwissenschaften sowie aus Medizin, Psychologie und Gesundheitsberufen. Von renommierten Autoren aller Springer-Verlagsmarken.

Weitere Bände in der Reihe http://www.springer.com/series/13088

Bernd Hansjürgens · Urs Moesenfechtel

Ökonomische Inwertsetzung zur Erhaltung des Naturkapitals

Wie eine ökonomische Perspektive helfen kann

Bernd Hansjürgens
Helmholtz-Zentrum für
Umweltforschung UFZ
Leipzig, Deutschland

Urs Moesenfechtel
Helmholtz-Zentrum für
Umweltforschung UFZ
Leipzig, Deutschland

ISSN 2197-6708 ISSN 2197-6716 (electronic)
essentials
ISBN 978-3-658-20615-4 ISBN 978-3-658-20616-1 (eBook)
https://doi.org/10.1007/978-3-658-20616-1

Die Deutsche Nationalbibliothek verzeichnet diese Publikation in der Deutschen Nationalbibliografie; detaillierte bibliografische Daten sind im Internet über http://dnb.d-nb.de abrufbar.

Springer Vieweg

Gedruckt auf säurefreiem und chlorfrei gebleichtem Papier

Springer Vieweg ist Teil von Springer Nature
Die eingetragene Gesellschaft ist Springer Fachmedien Wiesbaden GmbH
Die Anschrift der Gesellschaft ist: Abraham-Lincoln-Str. 46, 65189 Wiesbaden, Germany

Was Sie in diesem *essential* finden können

- Beschreibung der Kerninhalte der ökonomischen Inwertsetzung
- Erläuterung des Naturkapital-Deutschland – TEEB DE-Ansatzes und -Projektes
- Beispiele für die Vorgehensweise einer ökonomischen Inwertsetzung
- Beschreibung von Handlungsmöglichkeiten für Entscheidungsträger, die sich aus dem Ansatz ergeben

Inhaltsverzeichnis

Über die Autoren

Dr. Bernd Hansjürgens, Jg. 1961, ist Professor für Volkswirtschaftslehre, insbesondere Umweltökonomik, an der Martin-Luther-Universität Halle-Wittenberg und Leiter des Departments Ökonomie am Helmholtz-Zentrum für Umweltforschung – UFZ. Zu seinen Arbeitsschwerpunkten gehören Umwelt- und Ressourcenökonomik, v. a. die Instrumentenwahl sowie die Bewertung von Umweltveränderungen. Sein methodischer Hintergrund liegt in den Bereichen der Finanzwissenschaft, Neue Institutionenökonomik und Umweltökonomik. In der internationalen TEEB-Initiative hat er am TEEB-Bericht für nationale und internationale Entscheidungsträger mitgewirkt. Er leitet die deutsche TEEB-Studie „Naturkapital Deutschland".

Urs Moesenfechtel, Jg. 1978, ist Erwachsenenpädagoge und seit vielen Jahren an den Schnittstellen von Presse- und Öffentlichkeitsarbeit, Veranstaltungsorganisation und Bildungsmanagement tätig. Die Vermittlung von Umwelt- und Naturschutzthemen bildet dabei einen Schwerpunkt seiner Arbeit. Er ist für die Öffentlichkeitsarbeit von „Naturkapital Deutschland" – TEEB DE zuständig.

Einleitung: Welchen Vorteil es haben kann, einen Perspektivwechsel vorzunehmen und Natur einmal anders zu betrachten

1

„Was uns groß und wichtig erscheint, wird nun nichtig und klein“, heißt es in dem Lied „Über den Wolken“ von Reinhard Mey. Wer aus der Vogelperspektive schaut, erkennt auf einmal Strukturen und Muster, die ihm vorher verborgen waren, so lange er oder sie der Erdoberfläche verhaftet blieb. Im Gestrüpp der Umgebung fällt dann häufig nicht das in den Blick, was an sich wichtig ist. Etwas aus der Luft zu betrachten bedeutet, etwas von oben zu betrachten, eine übergeordnete Perspektive einzunehmen, sich einen Überblick zu verschaffen... Der große Vorteil eines solchen Perspektivwechsels liegt darin, dass man in besonderer Weise neue Aspekte erkennt, Dinge anders sieht und die Welt vielleicht auch anders einordnet.

In diesem Beitrag wollen wir die Dringlichkeit eines Perspektivwechsels bei unserem Umgang mit Natur aufzeigen. Wir tun dies, indem wir eine ökonomische Sicht auf die Natur einnehmen (vgl. Abb. 1.1).

Genauso wie bei der Vogelperspektive geht es darum, auf diese Weise neue Strukturen zu erkennen, etwas anders zu betrachten und somit andersartige Muster offenzulegen, um Dinge in einer Weise zu diagnostizieren, die man ansonsten nicht sehen würde und die verborgen blieben. Ohne diese neue Sicht könnte man vielleicht auch keine neuartigen Ansatzpunkte für das Handeln im Naturschutz entwickeln. Wir verstehen die Betrachtung aus der Vogelperspektive also als eine gänzlich andere Sicht auf die Natur. Wir wollen zeigen: Ein Gesamtbild zeigt oft mehr als die Betrachtung der Summe der Einzelteile. Zum anderen wollen wir zeigen, wie bei einer ökonomischen Betrachtung der Natur ganz konkret vorgegangen wird. Dazu stellen wir kurz vor, wie Ökonomen bei ihren Analysen zur Bewertung von Natur und Ökosystemleistungen vorgehen.

Den Ausgangspunkt für unseren Beitrag bildet die Studie „Naturkapital Deutschland – TEEB DE“, die deutsche Nachfolgestudie des internationalen

B. Hansjürgens und U. Moesenfechtel, *Ökonomische Inwertsetzung zur Erhaltung des Naturkapitals*, essentials,
https://doi.org/10.1007/978-3-658-20616-1_1

Abb. 1.1 Obstbaumplantage bei Beuren auf der Schwäbischen Alb, Baden-Württemberg („Streuobstwiesen nehmen Schätzungen zufolge mit 225.000 bis 500.000 ha etwa 1,3 bis 2,9 % der Landwirtschaftsfläche in Deutschland ein (Herzog 1998). Streuobstlandschaften erbringen vielfältige Ökosystemleistungen. Doch seit den 1950er Jahren ist die Streuobstfläche aufgrund der Intensivierung von Produktionsmethoden sowie der Siedlungs- und Infrastrukturentwicklung stark rückläufig (Eichhorn et al. 2006).“). (Quelle: Hans Braxmaier, Neu-Ulm, CCO/pixabay.com)

TEEB-Vorhabens „The Economics of Ecosystems and Biodiversity“ (TEEB 2010). Im folgenden Kap. 2 stellen wir dazu zunächst diese Studie vor. In Kap. 3 wollen wir zeigen, was dieses Vorhaben an neuen Sichtweisen bringt und was die Vorteile sind. In Kap. 4 zeigen wir dann, wie bei einer ökonomischen Bewertung vorgegangen wird. In Kap. 5 ziehen wir ein kurzes Fazit.

2 Das Vorhaben Naturkapital Deutschland – TEEB DE: eine ökonomische Sicht auf die Natur

Naturkapital Deutschland – TEEB DE ist das deutsche Nachfolgevorhaben der internationalen TEEB-Studie. TEEB steht für „The Economics of Ecosystems and Biodiversity“ (Die Ökonomie der Ökosysteme und der biologischen Vielfalt) und bezeichnet einen internationalen Prozess, den Deutschland 2007 im Rahmen des Umweltministertreffens der G8+5 zusammen mit der EU-Kommission initiierte (zum Folgenden siehe auch Ring und Moesenfechtel 2015). Das Anliegen der unter der Schirmherrschaft des Umweltprogramms der Vereinten Nationen durchgeführten Initiative ist es, in zielgruppenorientierten Studien ökonomische Argumente für die gesellschaftliche Bedeutung der Natur sowie den Schutz und die nachhaltige Nutzung der biologischen Vielfalt zu liefern. Gleichzeitig weist TEEB auf die steigenden Kosten hin, die der Verlust von Ökosystemleistungen und biologischer Vielfalt mit sich bringt. TEEB nutzt dabei die Überzeugungskraft ökonomischer Argumentationsweisen in heutigen modernen Gesellschaften und ruft zu einer grundsätzlichen Änderung der derzeitigen ökonomischen Paradigmen auf. Die Ergebnisse der Hauptphase von TEEB wurden 2010 auf der 10. Vertragsstaatenkonferenz des internationalen Übereinkommens zur biologischen Vielfalt (CBD) in Nagoya vorgestellt. Seitdem wird an weiteren sektor- und biombezogenen TEEB-Studien gearbeitet (siehe http://www.teebweb.org/).

Das Konzept der Ökosystemleistungen, ihre Erfassung, Bewertung und die Sichtbarmachung ihrer ökonomischen Relevanz haben mittlerweile Einzug in viele Forschungsprogramme, Strategien und Entscheidungsprozesse gehalten. So hat nicht zuletzt die TEEB-Initiative dazu beigetragen, dass sowohl die EU-Biodiversitätsstrategie bis 2020 (EU 2011) als auch der Strategische Plan 2011–2020 der Konvention für biologische Vielfalt (CBD) (UN 2010) ökonomische Aspekte sehr viel stärker berücksichtigen. Die Weltbank hat 2010 mit dem WAVES-Programm („Wealth Accounting and Valuation of Ecosystem Services“)

B. Hansjürgens und U. Moesenfechtel, *Ökonomische Inwertsetzung zur Erhaltung des Naturkapitals*, essentials,
https://doi.org/10.1007/978-3-658-20616-1_2

eine globale Partnerschaft aus UN-Organen, Regierungen, internationalen Instituten, NGOs und Wissenschaftlern begründet, die sich für die Standardisierung und Implementierung der Einbeziehung von Ökosystemleistungen in die Volkswirtschaftlichen Gesamtrechnungen und die Unternehmensrechnungen einsetzt (https://www.wavespartnership.org/). Zudem haben auf der Grundlage der Ergebnisse der internationalen TEEB-Initiative bereits über 20 Länder, darunter auch Deutschland, eigene, nationale TEEB-Studien initiiert.

Im Kontext bestehender nationaler und internationaler Vereinbarungen wie der nationalen Nachhaltigkeitsstrategie (Bundesregierung 2016), der EU-Biodiversitätsstrategie (EU 2011) und den Beschlüssen der CBD (UN 2010) wurde in Deutschland 2007 die „Nationale Strategie zur biologischen Vielfalt" (NBS) verabschiedet (BMUB 2007). In ihrem Rahmen fördert das Bundesamt für Naturschutz mit Forschungsmitteln des Bundesumweltministeriums seit 2012 das vom Helmholtz-Zentrum für Umweltforschung – UFZ koordinierte Vorhaben „Naturkapital Deutschland – TEEB DE" als nationalen Beitrag zur internationalen TEEB-Initiative (http://www.teebweb.org/).

TEEB DE wird von einem Projektbeirat begleitet, dessen Mitglieder das Vorhaben fachlich beraten. Diesem Gremium gehören Persönlichkeiten aus den Bereichen Wissenschaft, Wirtschaft und Medien an. Zudem gibt es eine Projektbegleitende Arbeitsgruppe, die der Information, Vernetzung und Einbindung von gesellschaftlichen Interessengruppen in das Projekt dient. Hierbei sind Umweltverbände, Wirtschaftsverbände, Bundesressorts, Bundesländer und Kommunen beteiligt.

Im Zentrum von Naturkapital Deutschland – TEEB DE stehen drei thematische Berichte, die von Teams von Experten aus Wissenschaft und Praxis erstellt werden. Basis dieser drei Berichte sind vorliegende Studien, Konzepte und Fallbeispiele, welche die Leistungen der Natur in Deutschland für den Menschen deutlich machen.

Die Berichte behandeln die Themen (Naturkapital Deutschland – TEEB DE 2014, 2015, 2016a, b, d):

- Naturkapital und Klimapolitik
- Ökosystemleistungen in ländlichen Räumen
- sowie Ökosystemleistungen in der Stadt

Sie zeigen die vielfältigen Ökosystemleistungen und ihre Bedeutung für das menschliche Wohlbefinden und die wirtschaftliche Entwicklung auf (vgl. Abb. 2.1). Dabei stehen jene Leistungen der Natur im Vordergrund, die größtenteils nicht bereits über Märkte abgegolten werden: Regulierungsleistungen,

Abb. 2.1 Blick vom Felsplateau Breitenstein auf Felder in der Schwäbischen Alb. (Quelle: Hans Braxmaier, Neu-Ulm, CCO/pixabay.com)

kulturelle Leistungen und unterstützende Leistungen. Darüber hinaus werden Anknüpfungspunkte für eine Verbesserung und Erweiterung des Instrumentariums für die Erhaltung und nachhaltige Nutzung von Natur und Ökosystemleistungen dargelegt. Die Berichte sollen dazu beitragen, eine aus Sicht der Gesellschaft verkürzte, nur am jeweiligen privatwirtschaftlichen Interesse einzelner Akteure ausgerichtete Handlungsweise zu korrigieren, damit Naturkapital in seiner Vielfältigkeit besser in unseren Entscheidungen berücksichtigt wird. Daneben umfasst das Vorhaben Naturkapital Deutschland eine Einführungsbroschüre (Naturkapital Deutschland – TEEB DE 2012), eine Broschüre für Unternehmen (Naturkapital Deutschland – TEEB DE 2013) sowie einen Synthesebericht (in Vorbereitung) (Naturkapital Deutschland – TEEB DE 2017) mit den zusammengefassten Hauptergebnissen.

3 Perspektivwechsel – das Unsichtbare sichtbar machen und den ökonomischen Kompass neu ausrichten

3.1 Zum ökonomischen Ansatz zur Bewertung der Natur

Der ökonomische Ansatz von TEEB DE ist vergleichbar mit dem Blick eines Vogels auf die Landschaft unter ihm. Der Vogel sieht Strukturen, Zusammenhänge, Wechselbeziehungen anders als am Boden. Ein Blick von oben eröffnet nicht nur neue Perspektiven; er ermöglicht auch neuartige Bewertungen, die letztlich Grundlage für Handlungen sind. „Sehen" ist Grundlage für „Bewerten", und „Bewerten" ist Grundlage für „Handeln". Diesen Dreiklang gilt es auszufüllen – im Naturschutz ebenso wie in vielen anderen Bereichen von Wirtschaft, Politik und Gesellschaft.

Bei einer Veränderung des Zustands der Natur, z. B. einer Verknappung der Natur und ihrer Leistungen, wie er mit zurückgehender Biodiversität, zunehmender industriell geprägter Landwirtschaft oder dem „Verbrauch" von Flächen für Siedlungs- und Verkehrszwecke in Deutschland einhergeht, kann eine solche „ökonomische Vogelperspektive" die tatsächlichen oder drohenden Nutzeneinbußen für die Gesellschaft sichtbar machen und damit politische Entscheidungen im Bereich des Naturschutzes unterstützen. Fragt man nach den Ursachen des Verlustes an biologischer Vielfalt und Ökosystemleistungen, so gibt es mehrere Gründe. Als Hauptgründe werden im Millennium Ecosystem Assessment (MA 2005) genannt:

- Landnutzungsänderungen (Habitatwandel),
- Ausbeutung natürlicher Ressourcen
- Verschmutzung der Ökosysteme
- Invasionen gebietsfremder Arten und Klimawandel.

B. Hansjürgens und U. Moesenfechtel, *Ökonomische Inwertsetzung zur Erhaltung des Naturkapitals*, essentials,
https://doi.org/10.1007/978-3-658-20616-1_3

Diese Faktoren verändern nicht nur die Natur und die mit ihr verbundenen Leistungen für den Menschen (Ökosystemleistungen) – sie beeinflussen auch das menschliche Wohlergehen mit seinen zahlreichen Bestandteilen (siehe Abb. 3.1).

Aber die Ursachenanalyse zu den Treibern des Naturverlustes geht aus ökonomischer Sicht noch einen Schritt weiter (Sukhdev 2011; Naturkapital Deutschland – TEEB DE 2012, S. 14 ff.): Eine tiefer liegende Ursache liegt darin, dass die Leistungen der Natur größtenteils kostenlos genutzt werden können. Dagegen gehen die meisten anderen Güter und Dienstleistungen, wie etwa Industrie- und Konsumprodukte oder Arbeitskraft, mit einem Preis in wirtschaftliche Entscheidungen ein. Kostenlose Naturgüter und -leistungen aber werden weder von Produzenten noch von Konsumenten in angemessener Weise wahrgenommen und in ihren Entscheidungen berücksichtigt, vielmehr gelten sie weiten Teilen der Bevölkerung als selbstverständlich verfügbar. Damit ist unser ökonomischer „Kompass" fehlgesteuert: Wir nehmen nur Ausschnitte unserer Umwelt als wohlfahrtsrelevant an, nämlich die Investitionen und die Konsumgüter (das Sachkapital) sowie unsere Arbeitskraft (das Humankapital), nicht aber die Leistungen der Natur (das Naturkapital). Das „Unsichtbare" (die Leistungen der Natur, die in unseren Entscheidungen nicht auftauchen) bleibt unsichtbar und ist deshalb auch nicht entscheidungsrelevant.

Im Ergebnis verhalten sich einzelne Individuen als Trittbrettfahrer: Sie nehmen die Natur und ihre Leistungen zwar in Anspruch, sind aber nicht bereit, bei ihren Entscheidungen die Erhaltung der Natur zu berücksichtigen und dafür Kosten aufzuwenden. Die Folgen sind offensichtlich: Übernutzung und Ausbeutung von Naturressourcen, übermäßiger Eintrag von Schadstoffen mit negativen Konsequenzen für das menschliche Wohlbefinden sowie für Teile der Wirtschaft. Damit wird tendenziell zu wenig Naturschutz betrieben, denn die Kosten für Naturschutz fallen sofort an, während sich der Nutzen der Maßnahmen oft über lange Zeiträume erstreckt und mit Unsicherheiten verbunden ist.

Dies führt zu einer Unterschätzung und unzureichenden Berücksichtigung des Nutzens von Natur- und Umweltschutz. Entscheidungsträger sind deshalb oft nicht bereit, die heute anfallenden Kosten zu tragen.

Genau hier setzt die ökonomische Bewertung an. Es geht darum, das „Unsichtbare" sichtbar zu machen, den „fehlgesteuerten ökonomischen Kompass" in unserer Gesellschaft zu korrigieren. Bei einer Veränderung des Zustands der Natur, z. B. einer Verknappung der Natur und ihrer Leistungen, kann die ökonomische Perspektive die tatsächlichen oder drohenden Nutzungseinbußen für die Gesellschaft erkennbar machen und damit solche politischen Entscheidungen unterstützen, die im Bereich des Naturschutzes dazu beitragen, volkswirtschaftliche Wohlfahrt zu erhöhen.

Abb. 3.1 Ökosystemleistungen und Bestandteile menschlichen Wohlergehens. (Quelle: Naturkapital Deutschland – TEEB DE 2012, S. 23, übersetzt und verändert nach MA 2005)

3.2 Beispiel Artenreiches Grünland

Grünlandstandorte sind Lebensräume für über die Hälfte aller in Deutschland vorkommenden Arten (UBA 2015; vgl. zu den folgenden Ausführungen Naturkapital Deutschland – TEEB DE 2016a, b). Aufgrund der ganzjährigen Bedeckung verfügt Grünland über hohe Humusgehalte und eine hohe Wasserspeicherkapazität. In der Folge bietet Grünland im Vergleich zu Ackerland besseren Schutz gegenüber Austrocknung und Erosion durch Wind und Wasser. Niederschlagswasser versickert i. d. R. leichter in Grünlandböden als auf Ackerflächen, sodass auch auf Hanglagen Bodenabtrag vermieden werden kann. Im Randbereich von Gewässern übernimmt Grünland wichtige Pufferfunktionen und verhindert den Eintrag von Nähr- und Schadstoffen. Es hat somit eine hohe Bedeutung für den Schutz der Oberflächengewässer und für den Trinkwasserschutz (UBA 2015).

Der Anteil des Grünlandes an der gesamten landwirtschaftlich genutzten Fläche nimmt jedoch seit Jahren ab. Während 1991 noch über 5,3 Mio. ha (gut 31 % der Landwirtschaftsfläche) als Dauergrünland bewirtschaftet wurden, betrug diese Fläche Ende 2013 nur noch gut 4,6 Mio. ha (knapp 28 % der Landwirtschaftsfläche) (BMEL 2015). Auch Artenreiches Grünland mit besonders hohem naturschutzfachlichen Wert (sog. High-Nature-Value-Grünland, HNV-Grünland) ist von diesem Rückgang betroffen: Zwischen 2009 und 2013 ging die Fläche des HNV-Grünlands bundesweit um 7,4 % zurück, was einem Flächenverlust von mehr als 82.000 ha und damit etwas mehr als der Fläche des Bundeslandes Hamburg entspricht (BfN 2014).

Der beobachtbare Grünlandrückgang hat negative Konsequenzen für die Erhaltung der biologischen Vielfalt und zahlreicher Ökosystemleistungen. So wird die Klimagasspeicherfunktion des Grünlandes mit dem Umbruch ebenso zerstört wie die Bedeutung des Grünlandes für die Reinhaltung des Grundwassers oder als Lebensraum für eine Vielzahl von Arten. Von der Bereitstellung dieser Ökosystemleistungen profitieren große Teile der Bevölkerung, während die Kosten (bzw. entgangene Gewinne) aufgrund des Erhalts und der Pflege des Grünlandes bei den Landwirten vor Ort liegen. Das Problem: Unter den geltenden rechtlichen Regelungen und den bestehenden Förderkulissen ist Grünlandumbruch nicht ausgeschlossen – mit den beschriebenen negativen Folgen für die Ökosystemleistungen. Die Kosten einer verminderten Bereitstellung der betroffenen Ökosystemleistungen werden bei den betriebsinternen Entscheidungen des Landwirtes nicht berücksichtigt, müssen letztlich aber von der Gesellschaft getragen werden.

Ein Wechsel der Perspektive in Form eines Vergleich der monetären Kosten und Nutzen macht die ökonomischen Vorteile von Grünlanderhalt gegenüber Grünlandumbruch deutlich (zu Details siehe Naturkapital Deutschland – TEEB DE 2016a, Kap. 2 sowie ebd. S. 38, Infobox 7). Für die Versorgungsleistungen wurde der durchschnittliche Mehrerlös einer Ackernutzung gegenüber Grünland angesetzt (Daten aus Osterburg et al. 2007); für die Klimaleistungen wurden die durchschnittlichen CO_2-Emissionen aus dem Boden unter Grünland und bei Ackernutzung verglichen und mit verschiedenen Schadenskostensätzen hochgerechnet (Daten aus Matzdorf et al. 2010; Osterburg et al. 2015; Ring et al. 2015); für die Beiträge zum Grundwasserschutz wurden Maßnahmenkosten angenommen, die die unter Ackernutzung erhöhten Nähr- und Schadstoffeinträge auf ein Niveau reduzieren, das dem der Grünlandnutzung entspricht (Daten aus Osterburg et al. 2007). Schließlich lässt sich die Wertschätzung für den Beitrag der Grünlanderhaltung zum Schutz der biologischen Vielfalt über die Zahlungsbereitschaft der deutschen Bevölkerung für ein Programm zur dauerhaften Pflege, Anlage und Aufwertung von Grünland abschätzen (Daten aus Meyerhoff et al. 2012).

Aus der Zusammenschau in Abb. 3.2 wird deutlich, dass mit Grünlanderhaltung erhebliche gesellschaftliche Nutzen verbunden sind, die die möglicherweise höheren Erlöse aus Grünlandumbruch und alternativen Anbaukulturen deutlich übersteigen. Je nach standörtlichen Gegebenheiten und zugrunde liegenden Annahmen in der Bewertung dürfte der gesellschaftliche Nettonutzen der Grünlanderhaltung (Differenz zwischen den verlorenen betriebswirtschaftlichen Erlösen und den gesellschaftlichen Nutzen) zwischen 440 und 3000 EUR/ha/Jahr liegen. Besonders vorteilhaft erscheint Grünlanderhalt auf den naturschutzfachlich wertvollen HNV-Standorten oder sensiblen (und oftmals ackerbaulich weniger rentablen) Standorten.

Das Beispiel Grünlandschutz zeigt: Es ist nicht nur aus Sicht des Naturschutzes, sondern auch aus ökonomisch-gesellschaftlicher Sicht wichtig Grünland zu erhalten. Und klar wird: Es ist der Wechsel der Perspektive, der ökonomische Blickwinkel, der solche zusätzlichen Argumente generiert. Erst aus diesem ökonomischen Blickwinkel heraus ist es möglich, den Naturschutz in den Horizont mancher Entscheidungsträger zu stellen. Und viele Entscheidungsträger in Politik und Verwaltung reagieren in der Tat auf diese neuen Sichtweisen. Naturkapital Deutschland – TEEB DE erreichen Anfragen zu Vorträgen und Teilnahmen an Workshops und Tagungen. Es wird nachgefragt, ob und inwieweit sich der ökonomische Ansatz auf weitere konkrete Fälle übertragen lässt.

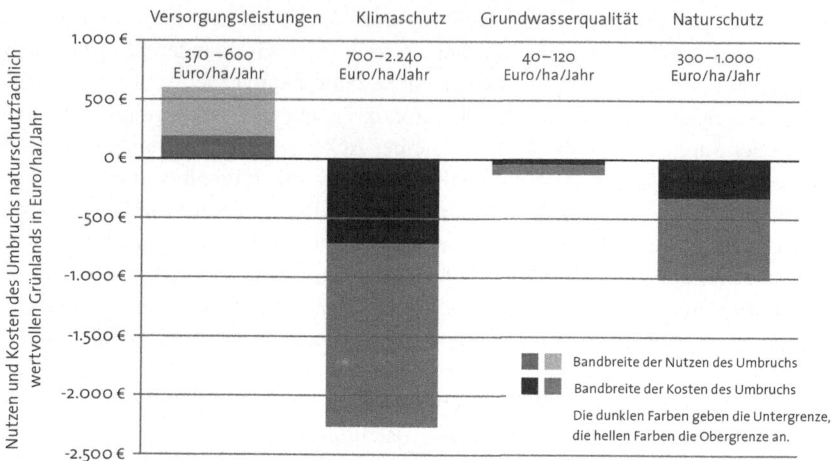

Abb. 3.2 Exemplarische Darstellung der Kosten und Nutzen aus der Veränderung verschiedener Ökosystemleistungen und der Zahlungsbereitschaft für grünlandbezogenen Naturschutz bei Umbruch naturschutzfachlich wertvollen Grünlands pro ha und Jahr. (Quelle: Naturkapital Deutschland – TEEB DE 2016a, S. 38)

Und auch kritische Einwände von Vertretern der Landwirtschaft oder des Verkehrsbereichs belegen, dass diese Denkweise das Potenzial hat, neue Diskussionen anzustoßen und letztlich Veränderungen herbeizuführen.

Dabei ist klar: Gesellschaftliche Entscheidungen über den Umgang mit der Natur können und sollten niemals allein auf einer ökonomischen Bewertung – und schon gar nicht allein auf einer Monetarisierung – gründen (Hansjürgens 2016). Es gibt vielfältige Werthaltungen und Gründe für die Natur und ihren Schutz, die sich nicht oder nur schwer in einen ökonomischen Bewertungsansatz integrieren lassen, z. B. Verantwortung gegenüber Mitmenschen, zukünftigen Generationen oder gegenüber Mitgeschöpfen auf der Erde. Und es sollte nicht vergessen werden, dass es viele Werte der Natur gibt, die sich einer Monetarisierung entziehen, sei es aus methodischen Gründen, oder weil prinzipiell, beispielsweise aus kulturellen oder ethischen Gründen, nicht gewünscht ist, bestimmte Leistungen der Natur in Geldwerten auszudrücken.

4 Wie bei einer ökonomischen Bewertung vorgegangen wird

Die obigen Überlegungen zu Naturkapital Deutschland haben verdeutlicht: Es kann nur das gezielt erhalten und gepflegt beziehungsweise unterhalten werden, dessen sich der Mensch bewusst ist. Nur solche „Güter" im weitesten Sinne werden in Entscheidungsprozesse einbezogen, die man nicht als gegeben ansieht, sondern für die man eine Achtsamkeit entwickelt hat. Bezüglich der Natur setzt Achtsamkeit und Wertschätzung oft Wissen (oder eine emotionale Bindung) voraus. Damit Naturkapital und Ökosystemleistungen in Entscheidungen eine angemessene Rolle spielen, ist es demnach hilfreich (und auch erforderlich), sich ein besseres Verständnis zu verschaffen über den derzeitigen Umfang der verschiedenen Ökosystemleistungen, die Veränderungen und Veränderungsursachen sowie über die Bedeutung und den heutigen und zukünftigen Wert der aus den Ökosystemen resultierenden Leistungen. Hierzu sind im Einzelnen drei Schritte erforderlich (siehe Abb. 4.1; siehe zum Folgenden auch Naturkapital Deutschland – TEEB DE 2012, S. 47 ff.):

I. die Leistungen der Natur sind zu identifizieren,
II. wenn möglich mittels geeigneter Indikatoren und Kennziffern zu erfassen, sowie
III. mit geeigneten Methoden zu bewerten.

Eine ökonomische Bewertung ist dann besonders hilfreich, wenn die ersten beiden Schritte ausreichend ausführlich und sorgfältig durchgeführt worden sind.

Zu (I): Ökosystemleistungen identifizieren.
Für die Identifikation von Ökosystemleistungen kann auf ihre Einteilung in Versorgungsleistungen, Regulierungsleistungen, kulturelle Leistungen und Basisleistungen

B. Hansjürgens und U. Moesenfechtel, *Ökonomische Inwertsetzung zur Erhaltung des Naturkapitals*, essentials,
https://doi.org/10.1007/978-3-658-20616-1_4

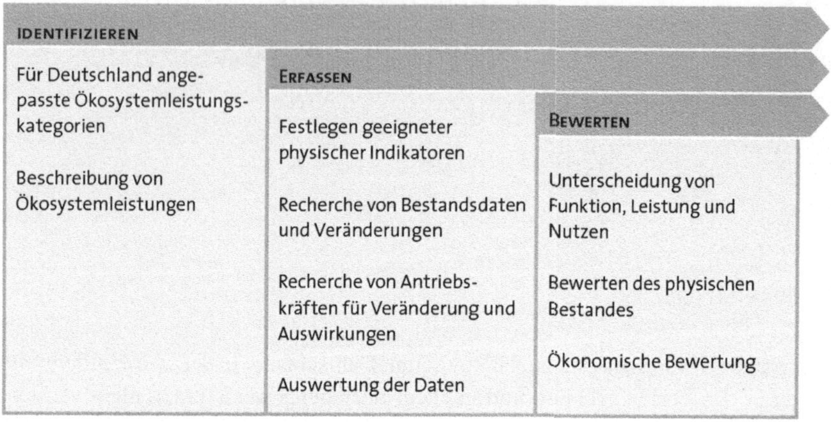

IDENTIFIZIEREN

Für Deutschland angepasste Ökosystemleistungskategorien

Beschreibung von Ökosystemleistungen

ERFASSEN

Festlegen geeigneter physischer Indikatoren

Recherche von Bestandsdaten und Veränderungen

Recherche von Antriebskräften für Veränderung und Auswirkungen

Auswertung der Daten

BEWERTEN

Unterscheidung von Funktion, Leistung und Nutzen

Bewerten des physischen Bestandes

Ökonomische Bewertung

Abb. 4.1 Vorgehensweise bei der Bewertung von Ökosystemleistungen. (Quelle: Naturkapital Deutschland – TEEB DE 2012, S. 47)

zurückgegriffen werden. Internationale Studien wie zum Beispiel das Millennium Ecosystem Assessment (MA 2005) oder die TEEB-Studie (de Groot et al. 2011) bieten jeweils Ansätze zur Kategorisierung und Inventarisierung von Ökosystemleistungen an. Bei nationaler, regionaler oder lokaler Umsetzung müssen sie den speziellen naturräumlichen und gesellschaftlichen Verhältnissen angepasst werden.

Zu (II): Ökosystemleistungen erfassen.
An die Identifikation der Ökosystemleistungen schließt sich deren Erfassung an. Sie kann anhand einer Vielzahl von verschiedenen Einzeldaten erfolgen. Damit sie effizient und auch wiederholbar durchgeführt wird, ist es erforderlich, geeignete Indikatoren auszuwählen. „Geeignet" bedeutet, dass aus den Daten Rückschlüsse auf das Untersuchungsobjekt der Erfassung gezogen werden können (zum Beispiel Umfang der Auen, die Hochwasser aufnehmen können, Menge des durch die Pflanzendecke verminderten Oberbodenabtrags). Außerdem muss bei der Erfassung berücksichtigt werden, in welchem Zeitraum und für welches Gebiet (zum Beispiel in einem Bundesland oder in ganz Deutschland) der Indikator erhoben werden soll. Mit dem Indikator verbunden ist die Recherche nach den erforderlichen Daten, die über den Zustand (z. B. derzeitige Fläche aktiver Auen, Umfang der vermiedenen Bodenerosion) beziehungsweise die Veränderung des Indikators (Zu- oder Abnahme gegenüber der letzten Erhebung) Auskunft geben. Darüber hinaus ist es hilfreich festzustellen, was den Indikator beeinflusst (zum

Beispiel Auenrenaturierungen, Veränderungen des Grünlandbestandes) und was die möglichen unbeabsichtigten Folgen von Veränderungen solcher Einflussgrößen sind (z. B. Bebauung in Auen, Intensivierung der landwirtschaftlichen Produktion an anderer Stelle), um sich ein möglichst umfassendes Bild zu machen.

Zu (III): Ökosystemleistungen bewerten.
Die Bewertung stellt den letzten der drei Schritte „Identifizieren – Erfassen – Bewerten" dar. Für die Bewertung selbst stehen vielfache ökonomische Methoden zur Verfügung (Naturkapital Deutschland – TEEB DE 2012; Hansjürgens und Lienhoop 2015). Die Wahl der Bewertungsmethoden hat Rückwirkungen auf das, was tatsächlich erfasst – beziehungsweise nicht erfasst – wird (und damit weiterhin verborgen bleibt). Dies gilt auch für die verschiedenen Methoden der monetären Bewertung.

Um nun Veränderungen von Ökosystemen und ihrer Leistungen bewerten zu können, stehen mehre Untersuchungsinstrumente und -methoden zur Verfügung, die für die jeweiligen definierten Ökosystemleistungen Kennzahlen liefern. Dies sind z. B. Boden-, Luft- und Wasserproben zur Untersuchung von Schadstoffeinträgen, Messungen von Klimagasemissionen, Artenzählungen, Biomasseabschätzungen, Temperaturmessungen, Lärmuntersuchungen usw. In Deutschland ist in vielen Bundesländern die Erfassung des Ökosystemleistungsdargebotes (also des vorhandenen Potenzials an möglichen Ökosystemleistungen) in der Landschaftsplanung sowie der WRRL-Bewirtschaftungsplanung recht weit fortgeschritten. Komplexe Modellierungen finden hingegen nur selten Anwendung. Auf der EU-Ebene liegen Empfehlungen zur räumlichen Erfassung und Bewertung von Ökosystemleistungen im Rahmen der Umsetzung der Maßnahme 5 der EU Biodiversitätsstrategie „Räumliche Erfassung und Bewertung von Ökosystemleistungen" vor.

Fazit 5

Das Konzept der Ökosystemleistungen sowie der ökonomische Ansatz zur Bewertung der Natur, wie sie im TEEB-Vorhaben sowie in der Studie Naturkapital Deutschland – TEEB DE verfolgt werden, bieten eine neue Perspektive: Mit ihnen lassen sich die vielfältigen Leistungen der Natur für den Menschen systematisch und in ihrer ökonomischen Bedeutung erfassen. Das Konzept bietet die Chance, die Verbindungen zwischen dem Dargebot der Natur und dem menschlichen Wohlbefinden sowie die gesamtwirtschaftlichen Effekte der Ökosystemleistungen deutlicher zu machen. Dies bringt Vorteile, denn viele Entscheidungsträger legen derzeit in der Abwägung über umweltrelevante Veränderungen ein größeres Gewicht auf die ökonomischen Argumente, die z. B. in Nutzen-Kosten-Analysen übersichtlich aufbereitet werden. Die Umweltkosten oder -nutzen sind in diesen Analysen bisher nicht systematisch vertreten.

Werden verstärkt ökonomische Argumente in die Entscheidungsfindung eingebracht, kommt es vor allem auf eine gesamt- oder volkswirtschaftliche (im Gegensatz zu einer betriebs- oder einzelwirtschaftlichen) Perspektive an (vgl. Abb 5.1). So können Kosten und Nutzen von Entscheidungen, Auswirkungen auf einzelne Nutzergruppen und die Unterschiede zwischen öffentlichen und privaten Kosten und Nutzen gegenübergestellt werden.

Es können auch Impulse für Ausgleichs- und Abwägungsmechanismen gesetzt werden, wenn gezeigt wird, in welchem Ausmaß Nutzung und Produktion von Ökosystemleistungen auseinanderfallen: z. B. durch Hochwasserschutzmaßnahmen am Oberlauf zur Verminderung von Überflutungsschäden am Unterlauf eines Flusses, oder die Nutzung einer schönen Kulturlandschaft durch Erholungssuchende und die Beiträge zur Bereitstellung dieser Qualitäten durch Land- und Forstwirtschaft.

B. Hansjürgens und U. Moesenfechtel, *Ökonomische Inwertsetzung zur Erhaltung des Naturkapitals*, essentials, https://doi.org/10.1007/978-3-658-20616-1_5

Abb. 5.1 Luftbild „Deutschland von oben“. (Quelle: goldfrapp, CCO/pixabay.com)

Wenn die gesellschaftlichen Vor- und Nachteile der Nutzung der Natur und ihrer Leistungen umfassend, systematisch und explizit angegeben werden, können schließlich auch Verbesserungen gegenüber der bisherigen Planungspraxis auf den Weg gebracht werden. Dazu ist es allerdings notwendig, die Ökosystemleistungen flächenkonkret zu erfassen, möglichst zu quantifizieren, zu bilanzieren und in bestimmten Fällen ökonomisch ggf. monetär zu bewerten.

Was Sie aus diesem *essential* mitnehmen können

- Denkanstöße für eine Neuausrichtung des ökonomischen Kompasses
- Konkrete Beispiele zur Umsetzung einer ökonomischen Inwertsetzung
- Handlungsoptionen zur Neuausrichtung von Naturschutzaktivitäten

B. Hansjürgens und U. Moesenfechtel, *Ökonomische Inwertsetzung zur Erhaltung des Naturkapitals*, essentials,
https://doi.org/10.1007/978-3-658-20616-1

Literatur

BfN – Bundesamt für Naturschutz. (2014). *Grünland-Report: Alles im Grünen Bereich?* Bonn: Bundesamt für Naturschutz.

BMEL – Bundesministerium für Ernährung und Landwirtschaft. (Hrsg.). (2015). *Statistisches Jahrbuch über Ernährung, Landwirtschaft und Forsten 2014.* Münster: Landwirtschaftsverlag.

BMU – Bundesministerium für Umwelt, Naturschutz und Reaktorsicherheit. (2007). *Nationale Strategie zur biologischen Vielfalt, vom Bundeskabinett am 7. November 2007 beschlossen.* Berlin: Bundesministerium für Umwelt & Naturschutz und Reaktorsicherheit.

Bundesregierung. (2016). *Nationale Nachhaltigkeitsstrategie. Fortschrittsbericht 2016.* Berlin: Bundesregierung.

Dehnhardt, A., Scholz, M., Mehl, D., Schröder, U., Fuchs, E., Eichhorn, A., & Rast, G. (2015). Die Rolle von Auen und Fließgewässern für den Klimaschutz und die Klimaanpassung. In Naturkapital Deutschland – TEEB DE (2014), *Naturkapital und Klimapolitik – Synergien und Konflikte. Kurzbericht für Entscheidungsträger* (S. 172–181). Technische Universität Berlin & Helmholtz-Zentrum für Umweltforschung – UFZ, Berlin & Leipzig.

Eichhorn, M. P., Paris, P., Herzog, F., Incoll, L. D., Liagre, F., Mantzanas, K., Mayus, M., Moreno, G., Papanastasis, V. P., Pilbeam, D. J., Pisanelli, A., & Dupraz, C. (2006). Silvoarable systems in Europe – past, present and future prospects. *Agroforestry Systems, 67,* 29–50.

EU – Europäische Union. (2011). *Die Biodiversitätsstrategie der EU bis 2020.* Luxemburg: Europäische Union.

Groot, R. S. de, Fisher, B., Christie, M., Aronson, J., Braat, L., Gowdy, J., Haines-Young, R., Maltby, E., Neuville, A., Polasky, S., Portela, R., & Ring, I. (2010). Integrating the ecological and economic dimensions in biodiversity and ecosystem service valuation. In P. Kumar (Hrsg.), *The economics of ecosystems and biodiversity. Ecological and economic foundations* (S. 9–40). London: Earthscan.

Grossmann, M., Hartje, V., & Meyerhoff, J. (2010). *Ökonomische Bewertung naturverträglicher Hochwasservorsorge an der Elbe. Naturschutz und Biologische Vielfalt 89.* Bonn: Bundesamt für Naturschutz.

B. Hansjürgens und U. Moesenfechtel, *Ökonomische Inwertsetzung zur Erhaltung des Naturkapitals,* essentials,
https://doi.org/10.1007/978-3-658-20616-1

Hansjürgens, B. (2016). Wider das Bild vom Koloss auf tönernen Fundament, Replik auf den Beitrag von Michael Jungmeier „42! – Zur Monetarisierung von Ökosystemleistungen aus planerischer und naturschutzpraktischer Perspektive“. *Naturschutz und Landschaftsplanung,* im Erscheinen.

Hansjürgens, B., & Lienhoop, N. (2015). *Was uns die Natur wert ist. Potenziale ökonomischer Bewertung*. Marbug: Metropolis.

Herzog, F. (1998). Streuobst: A traditional agroforestry system as a model for agroforestry development in temperate Europe. *Agroforestry Systems, 42,* 61–80.

MA – Millennium Ecosystem Assessment. (2005). *Ecosystems and human well-being – Synthesis*. Washington, D.C.: Island.

Matzdorf, B., Reutter, M., & Hübner, C. (2010). *Gutachten-Vorstudie Bewertung der Ökosystemdienstleistungen von HNV-Grünland (High Nature Value Grassland) – Abschlussbericht.* Müncheberg: Leibniz-Zentrum für Agrarlandschaftsforschung (ZALF) e. V.

Meyerhoff, J., Angeli, D., & Hartje, V. (2012). Valuing the benefits of implementing a national strategy on biological diversity – The case of Germany. *Environmental Science & Policy, 23,* 109–119.

Naturkapital Deutschland – TEEB DE. (2012). *Der Wert der Natur für Wirtschaft und Gesellschaft – Eine Einführung.* München, Leipzig & Bonn: Ifuplan, Helmholtz-Zentrum für Umweltforschung – UFZ & Bundesamt für Naturschutz.

Naturkapital Deutschland – TEEB DE. (2013). *Die Unternehmensperspektive – Auf neue Herausforderungen vorbereitet sein.* Berlin, Leipzig & Bonn: Pricewaterhouse Coopers, Helmholtz-Zentrum für Umweltforschung – UFZ & Bundesamt für Naturschutz.

Naturkapital Deutschland – TEEB DE. (2014). *Naturkapital und Klimapolitik – Synergien und Konflikte. Kurzbericht für Entscheidungsträger.* Technische Universität Berlin & Helmholtz-Zentrum für Umweltforschung – UFZ, Berlin & Leipzig.

Naturkapital Deutschland – TEEB DE. (2015). (H. Hartje, H. Wüstemann & A. Bonn (Hrsg.)), *Naturkapital und Klimapolitik – Synergien und Konflikte.* Berlin & Leipzig: Technische Universität Berlin & Helmholtz-Zentrum für Umweltforschung – UFZ.

Naturkapital Deutschland – TEEB DE. (2016a). *Ökosystemleistungen in ländlichen Räumen – Grundlage für menschliches Wohlergehen und nachhaltige wirtschaftliche Entwicklung. Schlussfolgerungen für Entscheidungsträger.* Hannover & Leipzig: Leibniz-Universität Hannover & Helmholtz-Zentrum für Umweltforschung – UFZ.

Naturkapital Deutschland – TEEB DE. (2016b). (C. von Haaren & C. Albert (Hrsg.)), *Ökosystemleistungen in ländlichen Räumen – Grundlage für menschliches Wohlergehen und nachhaltige wirtschaftliche Entwicklung.* Hannover & Leipzig: Leibniz Universität Hannover & Helmholtz-Zentrum für Umweltforschung – UFZ.

Naturkapital Deutschland – TEEB DE. (2016c). (I. Kowarik, R. Bartz & M. Brenck (Hrsg.)), *Ökosystemleistungen in der Stadt – Gesundheit schützen und Lebensqualität erhöhen.* Berlin & Leipzig: Technische Universität Berlin & Helmholtz-Zentrum für Umweltforschung – UFZ.

Naturkapital Deutschland – TEEB DE. (2017). *Neue Handlungsoptionen ergreifen – Eine Synthese (in Vorbereitung).* Leipzig: Helmholtz-Zentrum für Umweltforschung – UFZ.

Osterburg, B., Rühling, I., Runge, T., Schmidt, T., Seidel, K., Antony, F., Gödecke, B., & Witt-Altfelder, P. (2007). Kosteneffiziente Maßnahmenkombinationen nach Wasserrahmenrichtlinie zur Nitratreduktion in der Landwirtschaft. In B. Osterburg & T. Runge

(Hrsg.), *Maßnahmen zur Reduzierung von Stickstoffeinträgen in Gewässer – Eine wasserschutzorientierte Landwirtschaft zur Umsetzung der Wasserrahmenrichtlinie* (S. 3–156) Braunschweig: Bundesforschungsanstalt für Landwirtschaft (Landbauforschung Völkenrode – FAL Agricultural Research. Sonderheft 307).

Osterburg, B., Kantelhardt, J., Liebersbach, H., Matzdorf, B., Reutter, M., Röder, N., & Schaller, L. (2015). Landwirtschaft: Emissionen reduzieren, Grünlandumbruch vermeiden und Bioenergie umweltfreundlich nutzen. In Naturkapital Deutschland – TEEB DE (V. Hartje, H. Wüstemann & A. Bonn (Hrsg.), *Naturkapital und Klimapolitik – Synergien und Konfikte* (S. 100–123). Leipzig & Berlin: Helmholtz-Zentrum für Umweltforschung – UFZ & Technische Universität Berlin.

Ring, I., & Moesenfechtel, U. (2015). Die TEEB- Initiative: Das Unsichtbare sichtbar machen. In *Ökosystemleistungen. Forschung und Praxis im Dialog. Informationen des Forum Biodiversität Schweiz. Hotspot 30*, 8–9.

Ring, I., Wüstemann, H., Bonn, A., Grunewald, K., Hampicke, U., Hartje, V., Jax, K., Marzelli, S., Meyerhoff, J., & Schweppe-Kraft, B. (2015). (V. Hartje, H. Wüstemann & A. Bonn (Hrsg.)), *Methodische Grundlagen zu Ökosystemleistungen und ökonomischer Bewertung*. In Naturkapital Deutschland – TEEB DE, Naturkapital und Klimapolitik – Synergien und Konfikte (S. 20–64). Leipzig & Berlin: Helmholtz-Zentrum für Umweltforschung – UFZ & Technische Universität Berlin.

Sukhdev, P. (2011). Preface. In TEEB, P. ten Brink (Hrsg.), *The economics of ecosystems and biodiversity in national and international policy making*. London: Earthscan.

TEEB – The economics of ecosystems and biodiversity. (2010). *Mainstreaming the economics of nature. A synthesis of the approach, conclusions and recommendations of TEEB*. Geneva: TEEB.

TEEB – The economics of ecosystems and biodiversity., & Brink, P. ten. (Hrsg.). (2011). *The economics of ecosystems and biodiversity in national and international policy making*. London: Earthscan.

UBA – Umweltbundesamt. (2014). *Berichterstattung unter der Klimarahmenkonvention der Vereinten Nationen und dem Kyoto-Protokoll 2014*. Nationaler Inventarbericht zum Deutschen Treibhausgasinventar 1990–2012. Climate Change 24/2014. Umweltbundesamt, Dessau-Roßlau.

UBA – Umweltbundesamt. (2015). *Reaktiver Stickstoff in Deutschland: Ursachen, Wirkungen, Maßnahmen*. Dessau-Roßlau: Umweltbundesamt.

UN – United Nations. (2010). *Strategic plan for biodiversity 2011–2020, including Aichi Biodiversity targets*. New York: United Nations.